AF602718

ERRATA.

Page 5, ligne 21, au lieu de *l'enchevrêtement*, lisez : l'enchevêtrement.
— 6, — 25, ——— *enchevrêtées*, lisez : enchevêtrées.
— 7, — 4, ——— *la même*, lisez : une même.
— 36, ligne 6, au lieu de *régenère*, lisez : régénèrent.
— 39, — 29, ——— *telle*, lisez : telles.
— 46, — 27, ——— *indipensable*, lisez : indispensable.

Lunéville, Imp. de Pignatel.

DES
RÉUNIONS TERRITORIALES
ET DE LA CRÉATION
DE
CHEMINS D'EXPLOITATION.

ÉTUDE
SUR
LE MORCELLEMENT
EN LORRAINE,

PAR M. F. P.,
Membre du Comice Agricole de Lunéville.

PARIS,
A LA LIBRAIRIE AGRICOLE DE LA MAISON RUSTIQUE,
Rue Jacob, 26.

1857.

DES RÉUNIONS TERRITORIALES

ET

DE LA CRÉATION

DE CHEMINS D'EXPLOITATION.

Morcellement et servitude du sol.

Dans une grande partie de la France et en particulier dans les départements de l'Est, la propriété rurale est placée sous le régime de deux conditions qui sont un obstacle absolu à toute espèce d'améliorations : d'une part, l'extrême division du sol ; d'autre part, l'absence de chemins d'exploitation ; deux plaies qui peuvent se guérir soit toutes deux ensemble par une opération qu'on appelle réunion territoriale et qui consiste dans un système d'échanges entre tous les propriétaires d'une même commune, où l'on donne à chacun d'eux un seul morceau ou plusieurs morceaux de terre aboutissant sur un chemin, à la place de parcelles enclavées et éparpillées dans toute l'étendue du territoire ; soit l'une seulement, la plaie la plus grave, la plus nuisible par la création de chemins desservant toutes les parcelles ou seulement par le prolongement des chemins existants, de telle sorte que chaque parcelle ait issue sur un chemin et soit abordable en tout temps.

De ces deux mesures, la première, remaniement général des territoires, réforme large et complète, *peut* être laissée facultative et n'être obligatoire que lorsqu'elle est demandée par une majorité plus ou moins grande des propriétaires intéressés; la deuxième *doit* être considérée comme d'ordre public, et, à ce titre, imposée quel que soit le nombre des dissidents, sous la simple condition, comme en matière d'expropriation publique, d'une juste et préalable indemnité.

Longtemps avant la révolution le sol avait commencé à se morceler et, selon que l'a très-justement observé M. de Tocqueville *(l'ancien régime et la révolution)*, le nombre des paysans propriétaires était déjà considérable en 1789. Depuis cette époque, le dépécement des grands domaines a suivi une progression chaque jour croissante. La vente des biens nationaux (note 1), l'importance prépondérante des capitaux, la tendance des esprits à mobiliser les fortunes et à se porter vers les entreprises industrielles, l'aisance qui s'est, à la suite des premières ventes de biens nationaux, propagée dans les campagnes, l'ambition de devenir propriétaire qui y règne à un si haut degré, la spéculation sur les biens-fonds et, par-dessus tout, le principe de l'égalité des partages en matière de succession, ont opéré le démembrement des grands domaines et ont donné naissance à la petite propriété telle que nous la voyons aujourd'hui.

Les corps de biens, connus sous le nom de censes ou d'écarts, éloignés des centres d'habitation, ont seuls échappé à ce démembrement; ils sont en petit nombre.

Le morcellement dans les départements de l'Est a été

porté à ce point que, dans une commune dont la superficie est de 500 hectares, on ne compte pas moins de 2500 à 3000 parcelles, ce qui donne une moyenne de 17 ares par parcelle. On trouve beaucoup de parcelles d'une contenance inférieure à cette moyenne, des parcelles qui n'ont que 4, 3, 2 ares et même moins encore.

Pendant que le sol s'est ainsi fractionné à l'infini, il n'a pas été établi de nouveaux chemins. On s'est contenté de ceux qui avaient été primitivement tracés, alors que le territoire était possédé par quelques propriétaires et cultivé par un nombre aussi restreint d'admodiateurs; ces chemins suffisaient d'ailleurs pleinement au mode d'assolement dirigé uniquement vers la production des céréales, alors seul connu, seul usité. Le principe du morcellement a substitué, pour une part notable, la masse des habitants des campagnes à de gros propriétaires et à de gros fermiers, sans qu'on songeât à réserver à chacun des nouveaux détenteurs la liberté d'exploitation, à chaque parcelle la facilité de sortie qui existait quand le territoire ne formait qu'un seul tout, un seul domaine, une seule ferme. L'enchevrêtement s'est accompli sans souci de l'avenir, sans qu'il vînt à la pensée que la terre, appauvrie par le régime des récoltes épuisantes, demanderait un jour d'autres combinaisons, d'autres cours de moissons.

On confond généralement la division de la propriété et la division du sol, qui semblent au premier aperçu une seule et même chose et dérivent l'une de l'autre, et qui cependant sont parfaitement distinctes.

La division de la propriété a produit d'excellents

effets. L'habitant des campagnes n'est plus comme l'animal d'un cheptel attaché à la glèbe par le servage (note 2); il tient au sol par la propriété, le lien le plus puissant et le plus doux après les liens du sang. Le descendant des serfs a cessé d'être une chose; il est un homme. Il s'appartient; ses enfants et ses champs lui appartiennent et se confondent dans ses soins, dans son amour, dans l'intérêt de sa vie. La propriété a constitué la famille et, devenue le prix du labeur, de l'économie, des vertus domestiques, elle a été assise sur sa véritable base. Sa division, l'ayant rendue accessible à tous, en a étendu le bienfait au plus grand nombre et, en multipliant ces laborieuses existences, pourvues d'une honnête aisance, qui forment le fond de la population de nos villages, elle a placé la société elle-même sous l'égide protectrice des idées de travail et d'ordre, de respect du droit, de devoir et de justice.

Quant au fractionnement du sol, faute d'avoir été réglementé et accompagné de la création de chemins d'exploitation, il a créé à la culture d'inextricables entraves.

En effet, le territoire de chaque commune est aujourd'hui partagé en trois soles, qui ne sont desservies chacune que par un seul chemin. Une sole de 100 hectares, divisée actuellement en 5 ou 600 parcelles enchevrêtées, n'a d'autre issue que celle qui existait avant sa division. Celui qui possède 20 à 30 parcelles, les a éparpillées dans toute l'étendue de la sole, sans qu'il y ait ni communication entr'elles, ni possibilité d'accès. Un vingtième à peine de ces lambeaux isolés aboutit sur le chemin unique, et ce vingtième, assujetti au passage, ne profite même pas de l'avantage de sa position ; il n'est pas plus libre que le reste des parcelles disséminées dans la sole. Toutes, enclavées ou non, sont condamnées à subir la même et invariable succession de travaux et de récoltes, un ordre d'assolement unique et exclusif.

C'est donc en vain que le code rural de 1791 a posé en principe que le territoire est libre comme les personnes qui l'habitent ; que les propriétaires sont maîtres de varier à leur gré leurs cultures et leur exploitation. Affranchissement purement nominal ; l'homme n'est pas maître de son champ ; pas maître de choisir, de raisonner, de modifier. Le servage est resté la condition de fait du sol. Libres en droit, les terres, par l'effet du morcellement et de l'absence de communications intérieures, sont dans une dépendance absolue les unes à l'égard des autres et serves en réalité autant qu'elles l'étaient sous le régime des fiefs.

C'est en vain aussi que s'est élevée et s'élève la science agricole. N'ayant pu être appliquée que sur les domaines d'un seul gazon, qui seuls sont en pleine possession de leur liberté d'action, domaines si rares aujourd'hui, elle n'a eu, par le cercle extrêmement restreint de sa mise en pratique, qu'une influence nulle sur la production. Et par la même raison, la science n'a pas eu une influence plus sensible sur l'instruction des masses agricoles. Le cultivateur n'a pas à prendre souci de méthodes nouvelles qu'il est hors d'état d'introduire dans sa culture. Là où l'immobilité est forcée, aucun changement, aucune amélioration n'est possible et la routine n'est plus de l'ignorance, de la paresse d'esprit, de l'entêtement; c'est tout simplement l'effet de la force majeure.

Ainsi la servitude du sol n'arrête pas seulement l'essor de la production; elle tient les intelligences inertes et engourdies, elle éteint le désir si naturel à l'homme d'apprendre. Rosée bienfaisante qui devrait pénétrer jusqu'aux couches les plus profondes du monde agricole, la science n'en baigne que la surface; arrêtée par une sorte de sous-sol imperméable, elle ne féconde pas les régions inférieures des intelligences; elle ne se vulgarise pas.

État de l'agriculture en Lorraine.

Aussi, triste conséquence de la vicieuse distribution du sol, la production est restée stationnaire. Les salaires, les frais d'exploitation, les dépenses de toutes sortes se sont augmentées; la vie est devenue à la campagne comme dans les villes plus chère, sans que les recettes aient pris un accroissement proportionné. Tandis qu'à l'exemple de l'industrie manufacturière, si alerte à perfectionner ses procédés et à rendre la fabrication plus avantageuse, l'industrie agricole s'est développée dans certains pays et s'est heureusement transformée: attardée dans le nôtre, écrasée par le renchérissement des services et des denrées, elle ne produit ni plus ni autrement qu'autrefois; obérée, épuisée, joignant à grand'peine les deux bouts ensemble, selon son expression, elle est demeurée telle que l'avait signalée Arthur Yung avant la révolution. La surface cultivée et ensemencée est plus considérable qu'autrefois; mais c'est tout. La quantité de blé et de bétail obtenue sur une surface donnée n'a pas changé et s'est peut-être amoindrie (note 3).

L'agriculture en Lorraine opère sur deux espèces de sols : dans les vallées, nous avons les terres légères ou terrains à base siliceuse, et, sur les plateaux, les terres fortes ou sédimens argilo-calcaires. De là deux systèmes agricoles qui diffèrent comme les sols mêmes; ils ne diffèrent pas moins par l'étendue superficielle à laquelle chacun d'eux s'applique. Les plateaux comprennent les 4/5 et les vallées seulement 1/5 de nos cultures. Malheureusement c'est à l'inverse de cette importance relative que les deux systèmes ont marché dans la voie du progrès; sur les plateaux la culture est beaucoup moins avancée que dans les vallées.

Dans les vallées.

Dans les vallées la situation agricole, sans être excellente, se présente cependant sous un aspect comparativement favorable. La culture facile et peu dispendieuse des terres légères, formées d'attérissements siliceux, s'appuyant sur la ressource constante de grandes prairies naturelles et sur celle des plantes fourragères et légumineuses, s'est occupée principalement de la production du gros bétail. Elle se procure des engrais abondants à l'aide desquels elle soutient avec succès le système des cultures alternes. Le rapport du bétail à la surface cultivée, de 0,80 à 0,90 de tête de bétail pour l'hectare, se maintient couramment. Les chevaux n'entrent que pour une faible partie dans les attelages, composés principalement de bœufs, qui ensuite sont mis à l'engrais et envoyés à la boucherie. Les prés sont l'objet de travaux d'assainissement et d'irrigation bien entendus. Le froment, qui n'était pas connu dans ces terres, s'y substitue de proche en proche au seigle, à mesure que de bonnes fumures et l'emploi des cendres lessivées donnent plus de consistance au sol. La valeur vénale comme la valeur locative s'est élevée en proportion de l'augmentation des produits. Toutefois ces symptômes d'une amélioration marquée se montrent surtout aux alentours des villages, là où les chemins rendent les champs abordables et ont permis à l'industrie des habitants de se développer en liberté; ils s'affaiblissent dès qu'on pénètre à l'extrémité du territoire.

Sur les plateaux.

Si des vallées on monte vers les plateaux, la scène change. Les terres fortes qui passaient pour les plus fertiles et étaient les plus recherchées parce qu'elles donnent la récolte la plus estimée, celle du froment (note 4), sont bien déchues de leur ancien renom et l'agriculture y apparaît avec tous les caractères de la décadence.

C'est toujours l'assolement triennal qui y règne, mais dénaturé; la bonne économie, qui lui avait valu la réputation de producteur de grains par excellence, ayant été détruite.

L'expérience des temps et la sagesse de la législation avaient consacré sur ces sols difficiles le système mixte de la production des céréales fondée sur celle du bétail par les troupeaux. Ce qui montre, pour le dire en passant, que la théorie moderne, en préconisant avec raison l'élève du bétail, ne fait que remettre en honneur d'anciennes traditions altérées par un fâcheux oubli des principes sur lesquels elles reposaient. *Nihil novi sub sole.*

La rotation, basée sur les besoins du régime pastoral, était d'abord quinquennale; 2/5 des biens, les plus bas et les plus humides, demeuraient en prairies permanentes et les 3 autres 5mes étaient en culture, alternativement en jachère, blé et avoine. Et en dehors de l'assolement se trouvaient les patis et usages communaux. Plus tard, au commencement du XVIIIe siècle, l'assolement devint quadriennal et se modifia en ceci seulement : il n'y eut plus que 1/4 des biens en prairies et 3/4 en culture, non compris les paturages communaux; lesquels comprenaient du 1/5me au 1/6me du territoire.

Dans ces deux assolements le territoire était donc partagé de la manière suivante :

	Prés.	Patures.	Jachère nue.	Blé.	Avoine.
Ancienne rotation :	2/6[es]	1/6[e]	1/6[e]	1/6[e]	1/6[e]
Dernière rotation :	1/5[e]	1/5[e]	1/5[e]	1/5[e]	1/5[e]

Il y avait dans ces deux systèmes d'abondantes ressources pour la nourriture du bétail et en particulier des moutons et, la sole des terres annuellement emblavées recevant une fumure complète, elles donnaient en moyenne 18 hectolitres de blé à l'hectare, moyenne constatée dans les anciens documents et reconnue encore peu avant la révolution par l'agronome Arthur Yung.

L'équilibre qui faisait le mérite de ce système a été rompu; l'assolement a été ruiné. La charrue a été successivement poussée jusque sur le faîte aride des plateaux, sur les terres médiocres qui étaient abandonnées à la pature des moutons et est descendue dans les prés les moins riches. *Il y a aujourd'hui 7/8mes de terres cultivées contre 1/8me de prairies tant naturelles qu'artificielles* et en outre les biens communaux, qui formaient la dotation des troupeaux, ont été partagés et, mis à la disposition des habitants moyennant une redevance, ils ont été aussi livrés à la charrue. De cette disproportion entre la superficie en prairies et la superficie en culture, il est arrivé que la quantité de bétail élevée sur nos sols argilo-calcaires s'est amoindrie énormément. Telle commune qui possédait autrefois 250 bêtes à cornes et 400 bêtes ovines, n'en possède plus que le 5me aujourd'hui.

Peu de prairies, peu de bétail et partant une quantité d'engrais d'autant plus insuffisante qu'elle doit satisfaire aux besoins d'une surface plus étendue et de terres d'une qualité inférieure plus faciles à épuiser et par suite plus exigeantes (note 5). En général et en moyenne, sur les plateaux de la Lorraine, la moitié seulement des terres annuellement emblavées est chargée de fumier. Aussi la production du blé, reposant principalement sur le travail et sur l'influence de l'atmosphère sur la jachère nue, s'est-elle abaissée en moyenne de 18 hectolitres à 12 hectolitres par hectare : faible rendement qui ne couvre que la rente de la terre et les frais d'exploitation.

Les moutons s'en vont et tendent à disparaître de nos campagnes. C'est regrettable, sans doute, car c'est par eux seulement que nos coteaux escarpés, imprudemment mis en culture, où le transport des fumiers est impraticable, peuvent recevoir quelqu'engrais. Mais, il ne faut pas se le dissimuler, dans nos pays de morcellement leur temps est passé. Les troupeaux communaux deviennent impossibles. Ils n'ont plus la ressource des biens communaux et il ne faut pas songer à revenir sur des partages qui, s'ils ont été mortels pour les moutons, fournissent de précieuses ressources aux gens peu aisés et permettent aux plus pauvres d'élever un ou deux porcs. La saison des versaines, où se nourrissent les troupeaux à l'époque critique du printemps, aujourd'hui coupée par toutes sortes de culture, n'offre plus ni le parcours ni la pature des temps passés. Les troupeaux communaux ne se composent que de porcs et en très-petite partie de moutons. Les troupeaux de moutons qui appartiennent à des particuliers peuvent seuls se maintenir et se maintiennent, mais aussi rares que les grandes fermes qui peuvent les nourrir.

Appauvris quant aux moutons, nous ne sommes pas devenus plus riches en gros bétail.

Le bétail de rente proprement dit n'existe pas dans nos exploitations. La vaine pature et le parcours subsistent toujours. On ne connaît que les vaches laitières dans le nombre strictement réclamé par les besoins des ménages et les bêtes de trait. Une tête de gros bétail correspond à 3 hectares 50. Les chevaux entrent pour 3/4 dans le nombre des animaux élevés dans les plaines de nos plateaux. Ils ne brillent ni par la beauté des formes ni par la pureté du sang. De petite taille et attelés trop jeunes, ils sont cependant robustes et résistent bien à la fatigue. Ils ont été notablement améliorés depuis 30 ans et le Gouvernement, dans ces derniers temps, a pu en acheter un certain nombre pour la remonte de la cavalerie légère. Mal logés, nourris maigrement, ne mangeant pour ainsi dire jamais d'avoine (dans un pays où l'avoine forme la moitié des produits des fermes!!!) ils ne donnent pas la somme de travail qu'on pourrait en obtenir s'ils étaient mieux traités. De là l'usage d'en entretenir une quantité qui paraît excessive et hors de proportion avec les terres en culture, soit un cheval pour 5 et même pour 4 hectares sous charrue. On en met jusqu'à huit pour les premiers labours et pour ne cultiver que 25 à 30 ares dans une matinée (note 6). L'inégale répartition des travaux de l'assolement triennal retombe sur les animaux comme sur le personnel de la ferme. La longue durée des attelées à certaines époques se joignant à l'absence de soins, à l'insalubrité des écuries, à l'insuffisance de l'alimentation, amènent des maladies, des pertes désastreuses, qui viennent ainsi s'ajouter aux frais de ces onéreux attelages.

Quelqu'économique que soit l'emploi des bœufs, on n'en voit qu'une paire ou deux dans une ferme de deux charrues. La coutume n'est pas d'en former un attelage séparé, mais d'intercaler une paire de bœufs dans un attelage de 6 ou 8 bêtes; coutume que la différence des allures ne justifie pas. Les conseils n'ont pas manqué à ce sujet à nos cultivateurs. Ils ont eu mieux que des conseils : leur propre expérience d'abord, qui toute restreinte qu'elle soit, n'en a pas moins dû les éclairer; ensuite l'exemple de leurs voisins des vallées où le bœuf est le principal agent du travail. Il semble que l'usage à peu près exclusif des chevaux soit une affaire d'amour-propre, l'effet d'une sorte d'antipathie d'instinct plutôt que le résultat du calcul et de la comparaison raisonnée des services que rendent ces deux espèces d'animaux. On peut, en s'appuyant sur des observations bien constatées, blâmer l'exclusion des bœufs et la préférence trop absolue donnée aux chevaux. Il y aurait sûrement avantage à faire aux uns une part plus forte, aux autres une part moindre dans la composition des attelages et à mettre sincèrement de côté la question de vanité qui fait taire celle d'intérêt. Il est certain cependant que, dans l'état actuel des cultures étendues et difficiles des plateaux, les chevaux doivent conserver une prépondérance marquée. La nécessité de réitérer les labours, de perdre le moins de temps possible à se transporter sur de petites parcelles isolées, éloignées les unes des autres et souvent à une grande distance du siége de l'exploitation, la nécessité de suffire à des transports multipliés rend indispensable l'usage d'attelages rapides et justifie, dans une certaine mesure, la faveur dont jouissent les attelages de chevaux dans l'esprit de nos cultivateurs (note 7).

Amoindrissement de la production du blé, diminution du bétail, voilà quelle est, en résumé, la situation de la culture sur les plateaux de la Lorraine, dominée par deux faits : la nature compacte du sol, la division des propriétés et par un troisième qui est la conséquence des deux premiers : la pénurie des fourrages.

On dit à nos cultivateurs, on répète à satiété : vous

avez trop de terres en culture et trop peu de prairies soit naturelles, soit artificielles. Vous épuisez vos terres par des récoltes réitérées de céréales. Pourquoi ne faites-vous pas plus de prairies artificielles? « Hé! » répondent-ils, « nos terres sont trop maigres. Ne faisant pas » beaucoup de fumier, nous le réservons pour nos em» blavures. Nous ne mettons en trèfle ou en luzerne que » des champs bien fumés et bien préparés. — Votre » pratique de ne faire des prairies artificielles que dans » de bonnes conditions de fumure, de culture et de pro» preté est excellente sans doute; mais la disette du » fumier n'est-elle pas telle que vous n'en avez que pour » la moitié de la sole à emblaver; qu'ainsi vous fumez à » peine la moitié de cette sole, ou que, si vous répandez » sur la totalité de la sole ce que vous avez de fumier, » vos champs ne reçoivent qu'une 1/2 fumure. — C'est » malheureusement vrai. — Vous vous résignez donc à » n'avoir sur les champs non fumés, ou fumés à demi, » qu'une 1/2 ou 2/3 de récolte, soit 9 à 12 hectolitres de » blé au lieu de 15 à 20 hectolitres à l'hectare. — C'est » encore vrai. — Et pour ces 2/3 ou cette 1/2 de récolte, » vous avez les mêmes frais de labour, de semence et de » moisson que pour une bonne récolte. — Certainement » oui. — Pourquoi, au lieu de cette 1/2 ou de ces 2/3 de » récolte en blé, ne vous résigneriez-vous pas à l'avoir » en fourrages et par suite en viande et en fumier? » Demi récolte pour demi récolte, si vous la prenez en » blé, vous continuez à épuiser vos champs; si vous la » preniez en fourrages, d'une part les plantes fourragères » ne *dégraissent* pas la terre autant que les grains; d'au-

» tre part accroissant vos ressources en fourrages (dans
» la proportion de votre 1/2 récolte), vous grossiriez
» votre approvisionnement de fumier et, en opérant
» ainsi chaque année, vous arriveriez graduellement à
» en avoir assez pour couvrir d'une bonne fumure toutes
» vos emblavures, qui occuperaient alors, il est vrai,
» une moindre étendue ; mais qui, étant bien fumées,
» vous donneraient en réalité une quantité de grains
» aussi forte que celle que vous récoltez aujourd'hui. —
» Cela peut être juste. Mais nous regardons comme
» sujet à plus de risques un système qui s'appuierait sur
» le développement des cultures fourragères et l'élève
» du bétail. Si, engagés dans cette voie, il survient une
» année sèche, les prairies artificielles ne donnant pas,
» nous n'avons plus les moyens de nourrir un bétail
» considérable et il nous faut le vendre à vil prix. Nous
» aimons mieux nous en tenir à notre culture de cé-
» réales, mode simple, que nous savons bien traiter et
» dont les produits, s'ils sont médiocres dans les terres
» non fumées, se réalisent toujours facilement. — Ainsi
» la crainte des éventualités atmosphériques vous em-
» pêche de donner de l'extension à la culture des plantes
» fourragères ; cependant, ces éventualités sont redou-
» tables aussi dans votre assolement. La sécheresse des
» étés fait parfois grand tort à vos avoines, comme elle
» pourrait en faire à des trèfles et à des luzernes. Com-
» ment, avec cette préoccupation très-sage assurément,
» vous bornez-vous à rechercher une seule espèce de
» produits, du blé et de l'avoine. Le fruit de votre tra-
» vail de toute une année serait moins aventuré s'il

» était réparti en récoltes de diverse nature non sou-
» mises identiquement à la même succession de lois
» climatériques. La variété des cultures est le meilleur
» gage de la sécurité des récoltes; telle plante souffre
» de la sécheresse ou d'une pluie prolongée quand telle
» autre s'en ressent à peine. L'extension à donner aux
» plantes fourragères, nécessaire pour accroître vos res-
» sources en fumier, ne devrait pas marcher seule; elle
» devrait être accompagnée d'un plus grand développe-
» ment de la culture des racines, et, ainsi complétée,
» les éventualités atmosphériques seraient moins à crain-
» dre. — Tout cela nous mènerait trop loin. Ce serait un
» changement complet de nos habitudes, qui exigerait
» d'autres idées, d'autres connaissances, une toute au-
» tre éducation que celle que nous recevons. Passer d'un
» ordre de culture simple et uni à un ordre complexe
» n'est ni facile ni sans danger. Nos sols, fertiles, il est
» vrai, mais appauvris, ne se prêteraient pas dans leur
» état actuel à une grande flexibilité d'assolement; nous
» ne pourrions arriver à des cultures variées qu'après
» les avoir replacés dans les conditions de haute fertilité
» qu'exigent ces cultures. D'ailleurs quand nous serions
» disposés à nous hasarder, à titre d'essai, dans ce sys-
» tème de cultures variées, en procédant avec notre
» circonspection ordinaire, comment le pourrions-nous?
» Comment faire des prairies artificielles ou des racines
» dans l'intérieur de nos soles, dépourvues de sortie.
» Peut-on mettre autre chose que du blé ou de l'avoine
» dans la sole affectée à ces céréales? Est-ce qu'on peut
» passer sur des terres chargées de récoltes? Non. Nous

» mettons des plantes fourragères ou des pommes de » terre un peu ici, un peu là, dans les quelques terrains » qui sont accessibles en tout temps, notamment aux » abords des habitations. Si nous avions la faculté de » pénétrer librement dans nos soles, si nous avions par- » tout des chemins pour les desservir, il est à croire que » nous ferions plus de fourrages qu'aujourd'hui ; certai- » nement les prairies artificielles tiendraient une plus » grande place dans nos cultures et, selon toute appa- » rence, prenant plus de confiance dans cette méthode » à mesure que nous en connaîtrions mieux l'économie » et que nous y réussirions, cela nous enhardirait et nous » conduirait insensiblement à modifier nos habitudes et » nos règles actuelles, peut-être même à adopter ces » idées d'assolements perfectionnés, de cultures variées » dont, en principe, nous ne contestons pas la justesse. » Dans la distribution présente de nos territoires il n'y » a pas à y penser ; l'état du sol est là qui enchaîne nos » esprits et nous trace la seule ornière où il nous soit » permis de nous engager.

» De même on nous rebat sans cesse les oreilles du » drainage. Ne savons-nous pas ce que c'est par nos » tranchées remplies de fascines ou de pierres ? Qui donc » dans nos villages ignore que, débarrassées de l'excès » d'humidité qui les rend si tenaces, nos terres seraient » plus faciles à labourer et à nettoyer, s'ameubliraient » plus vite, deviendraient plus sensibles aux agents at- » mosphériques dont nous sommes réduits à faire notre » principal auxiliaire ? Mais ne sait-on pas que nous » sommes pauvres. L'argent nous manque. En eussions-

» nous beaucoup, le Gouvernement mît-il à notre disposition une forte part du crédit de 100 millions votés en 1855, nous ne pourrions pas en profiter. Comment faire du draînage, comment même en concevoir la pensée dans nos territoires morcelés? Comment draîner 30 ares ici, 20 ares là, 10 ares un peu plus loin? Évidemment c'est là une opération d'ensemble praticable seulement pour celui qui possède un ou quelques gros morceaux, où l'on est maître de suivre à son gré les conditions de pente et d'écoulement des eaux, mais impraticable pour celui dont les propriétés consistent en parcelles isolées, disséminées et enchevêtrées dans tout le parcours d'un territoire. »

A ces raisons que répondre? Rien, absolument rien dans l'état actuel des choses.

Intelligence et énergie de la population rurale en Lorraine.

Si maintenant, nous plaçant à un autre point de vue, nous faisons connaître ce qu'est la population agricole dans nos contrées, les entraves qui pèsent sur elle paraîtront encore plus déplorables.

A la vérité toute la science dans nos campagnes consiste à suivre les traditions qui se transmettent de père en fils. Notre population n'a pas d'instruction théorique qui lui enseigne à remonter à la source des faits et à en déduire des règles de conduite. Est-ce bien sa faute si elle ignore les principes d'un art dans lequel les classes éclairées elles-mêmes ne voient qu'une opération simple et grossière, mécanique en quelque sorte.

On ne se doute généralement pas de tout ce qu'il faut dans cet art d'initiative et d'action personnelle. Dans l'industrie l'homme est réduit le plus souvent au rôle d'un automate; son activité s'exerce sur un objet qui ne varie pas. Sa tâche est chaque jour uniformément la même. — L'homme des champs, au contraire, a toujours à faire œuvre d'intelligence, à se souvenir, à comparer, à raisonner. Les conditions de son travail, soumises à toutes sortes d'influences, varient sans cesse. Savoir bien labourer ne suffit pas; il faut savoir préparer la terre, choisir l'époque du labour, choisir les cultures qui, dans des circonstances données, seront les plus profitables. Une bonne récolte ne s'obtient qu'au prix de l'observation la plus attentive et la plus judicieuse.

Abandonnée à elle-même dans l'étude des connaissances si multiples qui lui sont nécessaires, notre population acquiert dans la pratique de saines notions qui suffisent aux besoins de son mode de culture et elle les applique avec un rare bon sens. Elle ne sait pas ce que c'est que de sortir de sa sphère et voir juste lui semble mieux que voir loin. — Prudente, elle s'abstient volontiers, plutôt que de s'aventurer au hasard et de compromettre une épargne modeste, péniblement amassée. Elle ne tient à ses coutumes que parce qu'elle les connaît bien et, loin de fermer systématiquement l'oreille aux idées nouvelles, elle écoute, elle s'enquiert et s'approprie vite les améliorations bien constatées qui sont à sa portée. Ne voyons-nous pas en effet dans nos villages les instruments perfectionnés d'un usage déjà moins rare, les jachères se couvrir de récoltes, la culture des pommes de terre s'étendre de jour en jour, les diverses plantes fourragères partout naturalisées, des efforts suivis de succès visibles pour améliorer la race des chevaux, des écuries plus saines dans les constructions nouvelles, les chemins tenus en bon état et tant d'autres symptômes d'un bon augure, qui montrent que ce n'est pas l'intelligence qui manque à notre population pas plus que la fertilité ne manque à notre sol.

C'est encore moins l'amour et l'habitude du travail, qualités par lesquelles elle se recommande tout spécialement. C'est là qu'est sa force, sa vraie richesse, son capital le plus réel, son moyen d'action le plus efficace. Nulle race au monde n'est comme la race lorraine, laborieuse, endurcie, indomptable à la fatigue. Elle n'a pas à faire aux terres riches et faciles à cultiver des plaines de l'Alsace, de la Flandre ou de la Beauce. Tout lui est rude. Une température variable; un climat froid où les hivers de la St.-Jean, selon l'expression de Voltaire, sont plus fréquents que les étés de la St.-Martin; un sol accidenté, à pentes abruptes; peu de prairies naturelles ou de médiocres; une terre où domine l'argile et où la charrue, attelée de huit chevaux, ne marche qu'au pas lent du bœuf. Plus tenace que cette terre si tenace, le lorrain l'étreint vaillamment comme il fait d'un ennemi sur le champ de bataille; il la retourne sans repos ni trêve; à défaut de fumier, il lui prodigue ses sueurs, il la sature des gaz fertilisants de l'atmosphère et, toute indocile qu'elle soit, il la subjugue et arrache de son sein des moissons qui, lorsque les saisons ne sont pas défavorables, le paient sans parcimonie de ses peines et de ses privations.

Labor improbus omnia vincit.

Que de ressources dans le bon sens, la patience et le courage de l'habitant de nos campagnes! Que de prudence et de sagesse dans l'emploi de ses modiques moyens! Que de qualités précieuses pour faire de lui un excellent agriculteur! Que de calcul et que d'efforts dépensés au service d'un assolement ruiné et impuissant! Quand on l'entend raisonner, on cesse bientôt de le considérer comme obéissant machinalement à une aveugle routine; de même qu'à la vue de ses opiniâtres labeurs, on se prend à regretter amèrement l'indifférence coupable de la société, qui eût pu les rendre plus profitables et véritablement rémunérateurs, en s'y intéressant de longue main, en s'attachant à les éclairer, à les diriger, à les émanciper.

Nécessité de modifier le système actuel de culture.

L'heure est venue d'accorder à l'agriculture une réparation qui s'est trop fait attendre et de lui ouvrir son unique voie de salut.

Le système actuel est à bout; il a conduit et il devait fatalement conduire à la situation malaisée et, pour mieux dire, obérée, à laquelle nous assistons; situation que les années calamiteuses que nous avons traversées ont seulement révélée et aggravée, mais n'ont pas créée et qui est destinée à survivre à l'abondante récolte de 1857.

Nos cultivateurs s'endettent, tout en s'exténuant et *en se tuant le corps et l'âme;* ils se découragent et leurs fils préfèrent *prendre un métier* plutôt que de travailler à la terre. De plus en plus discréditée, à mesure qu'elle est devenue moins lucrative, la profession de cultivateur n'est plus comme autrefois le partage des familles notables, qui s'en retirent, craignant d'y risquer leur avoir; elle est tombée dans les mains de gens moins aisés, qui n'y engagent le plus souvent que leurs bras et un train de culture d'une faible valeur; symptôme bien connu de tous ceux qui vivent au village et qui mérite autant d'être remarqué que celui de la décroissance de la population rurale dont l'opinion s'est justement émue.

Chez les ouvriers ruraux le découragement est plus grand encore. Ils refusent leurs bras à la culture ou les lui font payer plus cher. Les rangs de ceux qui fournissent la main-d'œuvre s'éclaircissent de jour en jour, soit parceque des industries comme celle de la broderie ou des gants envahissent nos villages, soit parceque des familles entières, lasses d'une existence trop précaire, quittent le village et s'en vont dans les villes.

Y a-t-il lieu de s'étonner de ce mouvement d'émigration, d'en rechercher bien loin les causes?

La désertion des campagnes est la conséquence toute naturelle du système de culture actuel.

La culture exclusive des céréales appauvrit le cultivateur autant qu'elle appauvrit la terre; avec de maigres produits, on ne peut donner que de maigres salaires.

Dans l'assolement triennal le travail de main-d'œuvre n'existe qu'à l'époque de la fenaison et des moissons et alors il surabonde et ne peut se faire qu'à l'aide d'étrangers. En toute autre saison, c'est-à-dire pendant 9 mois sur 12, il est nul. La condition des journaliers ruraux avec des salaires intermittents, fort dure déjà quand la la vie dans les campagnes était à bon marché, est devenue intolérable depuis que le prix de tous les objets de consommation s'est élevé à un taux excessif. Ces longs chômages, ces salaires faibles et irréguliers expliquent le mouvement qui porte les ouvriers ruraux à rechercher le séjour des villes où des salaires plus forts et continus procurent à leur famille une subsistance mieux assurée.

L'agriculture manque donc de bras parce qu'elle manque elle-même aux bras, parce qu'elle ne peut les occuper d'une manière constante et faire vivre son personnel d'ouvriers comme le fait l'industrie manufacturière. On ne voit pas les centres manufacturiers se dépeupler et pas davantage les contrées agricoles où des cultures riches et variées permettent de donner de l'ouvrage toute l'année et de le bien rétribuer.

Espérer le retour de la main-d'œuvre abondante et à bas prix comme autrefois est un rêve insensé. Le renchérissement de toutes choses entraîne de lui-même le renchérissement des salaires.

Dès que l'un ne peut marcher sans l'autre, le sort de la culture est fixé. Elle n'a pas d'autre alternative que de produire plus et autrement qu'elle ne produit ou de se ruiner.

Produire autrement et en plus grande quantité est pour elle une question de vie ou de mort.

Pas de moyen terme ; pas d'autre issue pour elle que de sortir de la rotation triennale et d'adopter une rotation plus avancée.

Cette évolution n'est pas, sans doute, un simple demi tour, aussi facile à exécuter dans la pratique que dans les livres. C'est une œuvre de résolution, de savoir et de temps.

L'état de la terre détermine ce qu'on en obtient ; il ne détermine pas d'une manière absolue tout ce qu'on peut en obtenir. La fertilité est généralement une chose relative et, par une loi providentielle, la culture modifie profondément la nature du sol, son aptitude productive et jusqu'aux diverses circonstances qui constituent le climat. Telle terre, qui, pauvre aujourd'hui ou appauvrie, ne se prête qu'à une culture simple et réclame fréquemment le retour de la jachère morte, atteindra plus tard, sous l'influence d'une culture mieux entendue, un degré de fertilité plus élevé.

Les sols des plateaux de la Lorraine sont difficiles et appauvris ; ils ne sont nullement pauvres et les abondantes récoltes qu'ils donnent par exception dénotent une fécondité intrinsèque, appelée, quand elle sera mise en valeur par une culture intelligente, à prendre l'accroissement le plus favorable.

Ainsi, nulle raison de s'en tenir à un *statu quo* cultural qui ne suffit plus ; nulle raison de ne pas entreprendre avec confiance une transformation qui est imposée par la force des choses. La nature du sol n'y met pas obstacle ; sa tenacité n'est pas incurable ; son épuisement n'est que momentané. L'exiguité des ressources de notre culture, dès qu'il s'agit de marcher graduellement et pas à pas, est une difficulté qui se résout en une question de temps.

Déjà la saison des versaines n'est plus comme autrefois entièrement nue; elle se garnit de toutes sortes de récoltes, vesces, pois, minette dorée, pommes de terre, etc. Pressée par la nécessité de produire plus, notre culture ne suit plus dans toute sa rigueur la règle de son ancien assolement. Hé bien ! elle n'a qu'à entrer franchement dans cette voie où elle s'essaye d'un pas timide et incertain; au lieu de n'avoir dans la saison des jachères que des récoltes accessoires, dérobées en quelque sorte et en dehors de son assolement, tout ce qu'elle a à faire, c'est de régulariser et de généraliser cet usage, d'en faire la base de sa pratique; en un mot, de faire son assolement principal et normal d'une coutume qui n'est encore en ce moment pour elle qu'un simple accessoire, qu'une culture secondaire.

Mais cette transformation demande d'une part, ainsi que nous l'avons dit plus haut et ainsi que nos cultivateurs le sentent eux-mêmes, d'autres habitudes, d'autres connaissances que celles qui ont cours dans nos campagnes et, d'autre part, des territoires qui ne soient ni morcelés, ni enchevêtrés.

Les réunions, seul remède à la division du sol.

Il n'entre pas dans notre sujet d'essayer d'indiquer les mesures qui peuvent modifier les idées et les traditions actuelles. Nous ne nous occupons que du morcellement.

Le moyen d'affranchir le sol de cette fatale entrave est connu depuis longtemps. Le mal n'est ni nouveau, ni particulier à notre pays et le remède est appliqué tout autour de nous par les peuples qui nous ont devancés dans la carrière des progrès agricoles. Ceux de nos voisins, à qui nous sommes trop heureux de demander le complément des animaux nécessaires à notre consommation, se sont, de bonne heure et avant que le morcellement n'ait été poussé chez eux au point où il est arrivé en France, empressés de le corriger par les réunions territoriales.

A l'Étranger.

On a procédé aux réunions dès l'année 1591 dans le canton de Berne et depuis successivement dans les autres cantons de la Suisse ; dans le milieu du siècle dernier en Suède, en Danemark, en Prusse.

Elles sont connues depuis longtemps en Angleterre et en Écosse, où il suffisait de la demande d'un seul propriétaire pour les ordonner.

Elles ont été pratiquées et tendent à se généraliser en Allemagne, d'après les conseils du professeur Burger.

On cite les ordonnances rendues par les Princes souverains de Wurtzbourg en 1586, 1636 et 1725.

Dans l'origine les réunions se sont opérées par le simple accord des particuliers. L'autorité se bornait à les favoriser et à les régulariser.

Dans ces derniers temps, à mesure qu'elles devenaient plus fréquentes et que les bons résultats en faisaient reconnaître la nécessité, des dispositions législatives ont été prises pour rendre la mesure des réunions obligatoires lorsqu'elles sont demandées seulement par un petit nombre d'intéressés et malgré l'opposition des dissidents, comme lorsqu'il s'agit d'expropriation pour cause d'utilité publique. C'est en ce sens que des lois ont été rendues dans le duché de Nassau (note 8) en 1812, en Prusse en 1821, en Saxe et dans la Hesse en 1834, en Hanovre en 1842, en Bavière en 1856.

En France.

En France l'initiative individuelle est pour ainsi dire nulle. Nous sommes habitués à n'agir que sous l'impulsion venue d'en haut et donnée par l'administration. Aussi les exemples de réunions ont-ils été tardifs et rares; la 1re réunion a été faite à Rouvres, près Dijon, en 1705; trois ont eu lieu en 1771 à Neuviller, Roville et Laneuveville (Meurthe); quelques autres vers la même époque dans le voisinage de Dijon et de Langres; on en cite une à Essarois, près Chatillon-sur-Seine, la seule accomplie sous le 1er empire.

Les réunions jugées nécessaires dès le 1er empire.

A cette dernière époque l'influence du régime issu de la révolution commence à se dessiner; elle a un double aspect. L'habitant des campagnes a acquis la propriété du sol; son aisance et son bien-être en ont été augmentés; mais le sol s'est divisé et enchevêtré et l'agriculture en souffre. Le morcellement n'est qu'à son début; il est même peu de chose si on le compare à ce qu'il est devenu dans une période de 50 ans. Cependant dès ce moment ses inconvénients et ses dangers frappent les esprits ; on s'en émeut ; on signale les entraves qu'il a fait naître ; on prévoit qu'il paralysera l'agriculture dans son essor et la tiendra dans la gêne et la misère (note 9).

Les vœux et les observations qui s'élevèrent des départements où la division du sol avait pris le plus d'extension trouvèrent un accueil favorable dans les Conseils du Gouvernement impérial, et le chapitre 1er du titre II du projet du code rural, préparé par les ordres de Napoléon Ier, était consacré à encourager et à faciliter les réunions territoriales. Ce projet avait été soumis au même mode d'enquête que le projet du code civil ; mais les préoccupations, qui s'accumulèrent dans les dernières années de l'empire, empêchèrent qu'il ne fut converti en loi et l'agriculture fut privée de l'organisation que reçurent à cette époque toutes les branches de l'administration et de la législation.

Sous le règne de Louis-Philippe nouvelles réclamations, émanant soit des Conseils généraux des départements, soit de l'initiative d'agronomes justement renommés et entr'autres de Mathieu de Dombasle et de Bertier, de Roville, qui, tous deux comme François de Neufchâteau, ayant passé leur vie dans la contrée la plus morcelée de la France, ont été à portée d'en apprécier toutes les conséquences. Tout ce qu'il en résulta ce fut la nomination d'une commission par M. Duchatel en 1834, dans laquelle il fit entrer deux membres qui avaient coopéré à la rédaction du projet de code rural de 1808; mais cette nouvelle tentative n'aboutit pas plus que la première et le travail de la commission de 1834 n'a même pas été livré à la publicité.

Ainsi en France, d'une part, très-peu de réunions et, d'autre part, aucune mesure législative, soit pour régler le développement rapide du morcellement, soit pour conserver à chaque parcelle sa liberté d'exploitation.

De l'abandon où est laissée la petite culture.

La condition d'infériorité où est descendue notre agriculture tient à des causes de diverse nature, qui ont été analysées avec une rare sagacité dans un ouvrage récemment publié. Elle a, comme le démontre l'auteur des *Lettres sur l'agriculture*, sa source dans les mœurs, les goûts, les habitudes, les idées que le temps nous a faits et la responsabilité en incombe bien plus au pays tout entier, à la tête même de la société, qu'aux classes agricoles, instruments simplement passifs dans le mouvement social qui détermine les tendances et le caractère d'un peuple. C'est parceque les circonstances auxquelles il convient d'attribuer cet état d'infériorité remontent loin, qu'elles ont jeté de si profondes racines et c'est parce qu'elles ont agi d'une manière générale que les efforts réparateurs tentés de nos jours rencontrent tant de résistance. Il se fait autour de l'agriculture beaucoup de bruit, en réalité peu de besogne.

Les gouvernements qui se sont succédé depuis 60 ans ne se sont pas fait faute de protéger l'agriculture et le Gouvernement actuel semble animé du louable désir de venir sérieusement à son aide. Mais l'administration sait-elle rendre sa sollicitude efficace? Connaît-elle bien les besoins au-devant desquels elle veut aller? Les mesures, les sacrifices, les actes multipliés par lesquels se révèle son intérêt ne parviennent pas jusqu'à la petite culture (nous désignons par là l'ensemble des fermes d'une à deux charrues qui forment la majorité de nos exploitations). Il semble que la division de la propriété ait échappé aux regards et que ce fait si considérable, qui devrait servir de point de départ à tout ce qui se fait en faveur de l'agriculture, soit complétement inconnu. On raisonne comme si le sol était encore constitué en grands domaines et en grandes exploitations. L'Angleterre est le pays auquel nous allons demander des idées et des enseignements, comme si les différences qui caractérisent le génie particulier des deux nations, n'étaient pas plus fortes encore, s'il est possible, dans l'état de la propriété et du sol. Les grandes exploitations ne forment en France que l'exception; elles ne représentent que le 10me du sol et le 20me de la population, et cependant cette faible minorité accapare à elle seule, aux dépens du plus grand nombre, toute l'attention du Gouvernement et de l'opinion. Elle se met en évidence; elle a ses proneurs, ses journaux, ses célébrités; on dirait qu'elle seule existe.

Quant à la petite culture, autrement importante par l'étendue du sol qu'elle cultive, par la somme de ses produits et le nombre des bras qu'elle emploie, elle n'a ni patrons ni organes en crédit. Patiente et résignée, elle trace son sillon sans attirer les regards ni faire parler d'elle. Elle ne brille pas ni ne fait briller personne. Elle ne se montre pas dans les grandes exhibitions et ne paraît que dans les modestes comices d'arrondissement. Aussi il en est d'elle comme si elle n'existait pas, et quand d'importantes mesures comme celle sur le draînage sont adoptées, elles ne sont pas à sa portée et passent au-dessus d'elle.

Il est bon d'importer les procédés perfectionnés, expérimentés à l'étranger; il est bon que nos grandes exploitations se modellent sur les exploitations similaires de l'Angleterre. Il serait plus utile d'avoir constamment et avant tout sous les yeux notre base d'opération, notre sol divisé. Les succès de quelques cultures riches et privilégiées ne doivent pas être pour nous un mirage trompeur. Si nous avons d'habiles agriculteurs, brillant état-major d'une armée qui est encore à créer, ils ne peuvent nous servir que par leurs exemples et nullement nous donner le pain et la viande en abondance.

C'est des gros bataillons, des soldats de la culture, de ce que nous appelons la petite culture que nous viendra la vie pour tous à bon marché, le bien-être du plus grand nombre. C'est donc vers l'amélioration de cette culture que doivent se porter nos préoccupations.

Insuffisance des encouragements actuels et des comices.

Jusqu'à ce jour les primes et les encouragements, distribués chaque année avec une pompe qui n'en rachète pas l'exiguité, ne paraissent pas avoir excité la moindre émulation, et l'institution des comices n'a pas réussi à secouer la torpeur invétérée de nos campagnes.

L'organisation des comices, qui remonte à 1831, semble moins heureuse que celle des sociétés d'agriculture établies dans chaque arrondissement sous le ministère Decaze. Ces sociétés avaient des attributions qui eussent été conservées avec avantage aux comices. Elles étaient consultées par le Gouvernement sur toutes les questions qui intéressent l'agriculture locale. Il y avait dans les conférences, qui se tenaient tous les mois, trop fréquemment peut-être, de la discussion, de *la* vie, un véritable enseignement mutuel pour tous ceux qui y prenaient part.

Les comices, tels du moins qu'ils fonctionnent, sont d'une utilité contestable. Les séances sont rares et se passent en conversations stériles. Celle qui a pour objet la distribution des primes, a l'avantage de présenter un tableau fidèle de la situation de la culture. Le concours des charrues, principal incident des fêtes agricoles, est un spectacle qui a son attrait et qu'on ne voit pas sans émotion. On ne compte pas moins de 20 à 25 charrues dans chaque réunion cantonnale. Les attelages, naturellement choisis dans ce qu'il y a de mieux, se composent de bons chevaux et, dans les vallées, de bons bœufs. Les labours, parfaitement exécutés, rendent difficile la distribution des récompenses. C'est là, c'est dans ce concours qu'est tout l'intérêt de ces réunions. Les exhibitions d'animaux, autres que ceux attelés aux charrues, chevaux et bêtes à cornes, sont lamentables sous le rapport de la quantité aussi bien que de la qualité, et ne justifient que trop bien l'exactitude de ce que nous disons de la situation peu prospère de notre culture.

Nécessité de moyens plus efficaces et de la priorité des réunions.

Ne nous abusons pas ; n'attendons pas des moyens mis en usage depuis 30 ans plus de succès qu'ils n'en ont eu dans le passé. Une meilleure organisation des comices, des encouragements plus considérables n'auront pas des résultats plus sensibles.

Est-ce bien, en effet, avec quelques centaines de francs distribués chaque année que l'on refait l'éducation de toute une génération, qu'on déracine des habitudes séculaires ? Est-il si facile de modifier les idées ? Est-ce facile surtout à l'égard de ceux qui ne lisent pas et n'ont pas le temps de lire ? Chez les hommes simples les quelques notions qui les gouvernent ont la tenacité de l'instinct qui dirige les animaux. Comment avoir prise sur des esprits qui ne reçoivent aucune impression du dehors ? Nos jeunes cultivateurs ne voyagent pas, n'ont d'autre enseignement que celui de la maison paternelle, ne voient que ce qui se passe près d'eux. L'instruction préparatoire leur manque et l'exemple d'exploitations perfectionnées, où le profit marchant de pair avec le progrès serait le meilleur des stimulants, leur manque également.

Est-ce là seulement d'ailleurs qu'est le siége du mal ? Que dire des possesseurs de la terre ? Plus intéressés que les fermiers à l'emploi de méthodes qui doubleraient la valeur de leurs domaines, ils ont en défiance toute espèce d'innovations. Ils se tiennent eux et leurs capitaux à l'écart ; ils se refusent obstinément à toute espèce d'améliorations ; ils remplissent les baux des clauses les plus barbares, etc., etc.

Est-ce là une situation que des encouragements, que les comices, que les livres puissent guérir?

Un mal chronique et constitutionnel, comme celui dont souffre l'agriculture, exige autre chose que ce qui s'est fait jusqu'à présent, commande un ensemble de mesures qui revifient le travail agricole et le régénère jusque dans ses sources premières.

Supposons la réforme des esprits accomplie; supposons que nos cultivateurs aient acquis une parfaite connaissance des meilleurs procédés agricoles; qu'ils aient à leur disposition les avances nécessaires, ou en termes propres, le fonds de roulement indispensable dans un mode de culture perfectionnée; — suppositions bien gratuites assurément;— hé bien! aucun progrés ne sera possible, même avec ces conditions là, dans nos terres morcelées.

Plaçons, par exemple, un cultivateur flamand, riche et de la bonne école, à la tête d'une de nos exploitations.

Le voilà en présence d'une terre compacte et appauvrie; cela ne l'arrête pas; il saura vaincre cette double difficulté avec le temps.

Mais la ferme est composée de lambeaux isolés et enchevêtrés.

Comment vaincre cette autre difficulté?

Pourra-t-il faire des travaux de draînage, d'irrigation ou toute autre amélioration foncière? Non.

Pourra-t-il conduire des engrais, des amendements sur ses terres, à sa volonté, à sa commodité? Non.

Pourra-t-il faire usage de machines pour suppléer à la rareté des bras, telle que semoir, faneuse, moissonneuse, etc.? Non.

Pourra-t-il adopter une autre rotation que celle usitée dans la commune, arrêter un plan de culture, choisir ses terrains pour y mettre, selon leur nature et leur état et selon le temps, les plantes qui lui paraîtront avoir le plus de chances de réussir ? Non.

Pourra-t-il, en un mot, importer les méthodes auxquelles son expérience promet une réussite certaine? Non, toujours non.

Praticien riche, instruit et industrieux, il sera forcé de s'en tenir à la gestion de son voisin pauvre, ignorant et routinier. Toutes ses ressources, culture savante et capitaux suffisants, viendront échouer devant cet obstacle insurmontable, le morcellement !

Ainsi il demeure avéré que la mesure qui a pour objet de supprimer cet obstacle, doit passer en premier ordre, avant toute autre; qu'elle est la condition *sine quâ non* et préalable de toute espèce de progrès; qu'aucun changement, qu'aucune amélioration ne sera possible tant que nos territoires n'auront pas cessé d'être morcelés et enchevêtrés.

Les chemins d'exploitation aussi nécessaires que toute autre espèce de voie de communication.

Est-il besoin, à une époque où l'établissement de voies de communication est justement considéré comme l'agent le plus puissant de la prospérité publique, de démontrer que la création de chemins d'exploitation, pénétrant dans l'intérieur de territoires aujourd'hui serfs, auraient une influence capitale et avec la liberté porteraient dans nos cultures l'activité, la variété, la richesse. Évidemment il y a parité d'utilité, toute proportion gardée, à multiplier, à ramifier les communications soit locales, soit d'un intérêt général. Elles ne diffèrent que par la longueur du rayon où s'exerce leur action. L'organisation nécessaire à nos territoires est celle dont nous voyons en nous le phénomène. L'appareil par lequel le sang circule dans notre corps se divise en mille vaisseaux imperceptibles qui vivifient les extrémités à l'égal des parties les plus rapprochées du cœur. Un exemple, pris dans notre sujet même, dans la loi de 1836 sur les chemins vicinaux, nous montre combien serait efficace la création de chemins d'exploitation. Avant cette loi les chemins étaient si mauvais que la circulation dans nos campagnes était interrompue en hiver; les cultivateurs, bloqués dans les villages, n'en pouvaient pas sortir et il leur fallait, pour conduire leurs denrées aux marchés voisins, attendre que la gelée eût affermi le sol comme en Russie. Grâces à la loi de 1836 dont la mise à exécution a été suivie avec zèle, nos villages sont aujourd'hui reliés entr'eux et avec les villes par d'excellents chemins et la facilité des communications a procuré des avantages si marqués, que nous n'hésitons pas à placer cette loi au rang des meilleures choses qui aient été faites en faveur de l'agriculture.

Comment penser que la même mesure appliquée dans l'intérieur des soles ne produirait pas des résultats analogues et que les parcelles, aujourd'hui fermées et isolées comme l'étaient nos villages, ne gagneraient pas notablement, si elles devenaient abordables et libres en toute saison, comme ont gagné nos villages? Les mêmes causes produiraient inévitablement les mêmes effets.

Objections contre les réunions.

On fait des objections contre les réunions. C'est l'usage en France de discuter longtemps, d'écrire beaucoup; les débats s'éternisent et l'application pratique s'ajourne indéfiniment. Les peuples voisins raisonnent moins, ne s'arrêtent pas à de vaines difficultés; ils agissent. L'objection qui se fait le plus communément est celle-ci : « Si les propriétés qui ont été réunies peuvent encore » être partagées comme elles l'ont été auparavant, au » bout de 25 ans le morcellement sera redevenu aussi » grand qu'il l'était auparavant. Dès lors pourquoi trou- » bler les populations dans leurs habitudes, par une » opération dont l'effet sera si peu durable. » C'est là raisonner faussement et prouver une singulière ignorance des exigences de l'assolement triennal et de ce qui se passe dans les pays de petite culture soumis à cet assolement. Ce qui se passe le voici : la division en trois soles oblige chaque propriétaire à égaliser ses trois soles. Celui qui possède trois hectares de terre en a, autant qu'il le peut, un hectare dans chaque sole. Ainsi le veut l'ordre de culture établi et forcé. Quand s'ouvre une succession, on attribue à chaque héritier invariablement et nécessairement sa part dans chacune des trois soles. Si le propriétaire de trois hectares laisse 3, 4, 5, 6 héritiers, on ne fait pas seulement 3, 4, 5, 6 lots, mais chaque sole est divisée en autant de lots qu'il y a d'héritiers : on fait en réalité un nombre de lots triple du nombre des héritiers.

De même lorsque se vend une ferme en détail, chaque acquéreur, cherchant à maintenir un équilibre nécessaire dans sa culture, achète une quantité autant que possible égale dans chaque sole; s'il achète pour 3000 francs, il achète pour 1000 francs dans chaque sole.

La réunion aura pour conséquence la suppression de la division forcée en trois soles et par suite d'une cause qui a beaucoup favorisé le morcellement. Tous, propriétaires, héritiers, acheteurs, dispensés de l'obligation d'équilibrer leurs trois soles, ne songeront qu'à s'arrondir et à agglomérer leurs propriétés.

La commodité et l'économie d'une exploitation réduite à un petit nombre de parcelles, la plus value des produits, la rareté des anticipations et l'absence des procès parlant d'elles-mêmes contre le retour du morcellement; la pratique et l'enseignement faisant chaque jour ressortir ces avantages et détruisant les vieux préjugés, le principe de la réunion prendra naturellement dans les esprits l'influence et l'empire acquis à toute idée juste et en bannira le principe faux et désastreux de la division.

En tous cas les chemins à établir lors de l'opération de la réunion subsisteront et quand même le morcellement tendrait à se reproduire, chaque parcelle aboutissant sur un chemin, sera définitivement affranchie et conservera à toujours sa liberté d'accès et d'exploitation.

Aucune objection contre la création des chemins d'exploitation.

A l'égard de la création des chemins d'exploitation qui feraient cesser l'enchevêtrement des propriétés, elle ne rencontre aucun contradicteur ; chacun s'accorde à reconnaître la nécessité d'affranchir la terre du servage qui est sa loi actuelle : dès lors pourquoi ce point tout au moins ne serait-il pas vidé ? Pourquoi attendre ? Nous ne sommes plus au temps où un respect exagéré du droit de propriété mettait obstacle aux mesures d'un intérêt général. Le principe de l'expropriation, aujourd'hui accepté, a pris place dans les lois sur le drainage, sur les irrigations, sur l'établissement des chemins de fer, des routes, des chemins de grande et de petite vicinalité. Par une omission étrange et qui prouve combien les besoins de la petite culture sont peu connus et peu représentés dans les régions du pouvoir, il n'a pas été étendu à l'établissement des chemins d'exploitation. La législation, muette sur ce point, n'offre pas de moyens de contraindre les propriétaires à céder une partie de leurs terrains pour ouvrir des chemins de simple exploitation. Ainsi quand les 19/20mes des propriétaires d'une benne, d'une sole, jugeraient utile d'y tracer un chemin, celui qui n'a que 1/20me peut aujourd'hui s'opposer au vœu et à l'intérêt de la presque totalité des propriétaires. Nous avons dans nos contrées des exemples de cas semblables où, faute de l'unanimité des intéressés, des chemins d'une incontestable utilité ont été empêchés par la seule résistance d'un petit nombre de propriétaires. C'est là, certes, un état de choses qui ne peut se prolonger et il suffira sans doute de l'avoir signalé pour qu'il soit avisé aux moyens de le faire cesser.

Dernière considération.

Une dernière considération. La distribution du sol

en petites parcelles est dans nos campagnes une source intarissable de procès. Chacun est astreint à défendre avec vigilance ses limites contre les empiétements de ses voisins. A l'époque des semailles le chef d'une tenue n'est pas tranquille qu'il n'ait passé en revue tous ses champs le double-mètre sous le bras. Cette visite est ordinairement suivie d'une ou de plusieurs autres à la Justice de paix. De là des querelles, des brouilles, des haines. Si les territoires étaient réunis, plus de conflits, plus de procès, plus de ces occasions de haines entre les habitants d'une même commune et les audiences des Juges de paix seraient de ce côté du moins singulièrement allégées. Ne serait-ce pas là en moralité un progrès non moins appréciable que celui qu'on obtiendrait au point de vue de la commodité et de la liberté des opérations agricoles? (note 10.)

Conservation du cadastre.

Dans tout ce qui précède nous n'avons parlé des réunions qu'au point de vue de la culture ; il nous serait facile de montrer qu'un intérêt d'un autre ordre et d'une aussi grande importance, l'intérêt du fisc y est également engagé.

Le morcellement des propriétés a en peu de temps altéré le plan cadastral des communes, dont l'établissement a été si coûteux. En quelques années il ne reste plus rien du travail primitif; il se surcharge de notes et de chiffres subdivisionnaires. Les états de section ne sont plus le lendemain ce qu'ils étaient la veille, et si l'on veut avoir une idée de la mobilité des choses humaines, il n'y a qu'à consulter les matrices de rôles.

Frappé de ces inconvénients, du peu de stabilité du plan cadastral, de la confusion qui s'y est introduite si rapidement et a dénaturé l'opération du cadastre ; du travail compliqué et sans cesse à recommencer que les mutations donnent aux agents de l'administration des contributions directes, le Gouvernement a plusieurs fois consulté les Conseils généraux sur le moyen d'assurer le maintien du cadastre.

Dans chacune des occasions où le Conseil général de la Meurthe a été appelé à se prononcer, il a indiqué comme l'unique moyen efficace d'atteindre le but proposé par le Ministre des finances, les réunions territoriales et la division du plan du territoire réuni en sillons d'une contenance uniforme à déterminer, qui seraient numérotés et déclarés indivisibles dans l'avenir. Le territoire de chaque commune serait partagé en sillons types qui recevraient un numéro et ne seraient plus susceptibles de division et tous les sillons frapperaient de toute leur largeur sur un chemin. Ainsi conçues, les réunions consacreraient la permanence du cadastre si désirée et si désirable, sans dépenses nouvelles. Les mutations seraient faciles ; le travail des contrôleurs serait simplifié ; la confusion et les erreurs, inévitables et si fréquentes dans l'état de choses actuel, disparaîtraient entièrement. Ce n'est donc pas comme on le voit la culture seule, c'est l'État lui-même qui, tout autant que les particuliers, est intéressé à l'adoption des réunions territoriales.

NOTES.

Note 1. Les biens nationaux vendus en Lorraine venaient principalement des communautés religieuses, qui étaient puissamment riches et, par exception, des maisons seigneuriales. Les familles nobles sont restées en possession des plus belles fortunes territoriales.

Note 2. Si le servage avait été aboli, sa dure empreinte subsistait encore au moment de la révolution. La terre n'était cédée au paysan affranchi que marquée du sceau de la conquête et grevée de priviléges qui attestaient l'origine et la nature de la possession de son ancien maître. Lorsque le seigneur se dessaisissait d'un coin de terre, d'une place à bâtir, il se réservait, en sus du prix, à perpétuité, des redevances annuelles de toute sorte, les unes, et le plus souvent, onéreuses, les autres vexatoires, comme une oie grasse, un chapon, une orange (une orange en Lorraine !!!), un jambon à Noël, des journées de travail à la fenaison, à la moisson, à la vendange, à la pêche des étangs. Quand le seigneur ou son admodiateur était prêt, il l'annonçait à son de caisse et les habitants devaient quitter leur ouvrage pour faire celui du seigneur. Il se réservait les droits de haute et basse justice, les droits de chasse, de pêche, etc. S'il s'agissait d'un cours d'eau, il n'oubliait pas de réserver que les portières du moulin seraient fermées pendant les sécheresses afin que son poisson ne manquât pas d'eau ; de même aussi les paysans devaient passer la nuit de la Saint-Jean à battre l'eau des fossés du château pour empêcher les grenouilles de troubler par leurs cris le sommeil du seigneur. Il fallait moudre le blé à son moulin, cuire le pain à son four, faire le vin à son pressoir, plaider devant son juge, acheter ou vendre devant son tabellion, etc., etc. Cette énumération abrégée des droits féodaux les plus usités en Lorraine, montre que si la propriété était accessible aux habitants des campagnes avant 1789, c'était à d'étranges conditions et que c'est seulement de la mémorable nuit du 4 août qu'il faut dater le régime sous lequel elle existe à présent.

Note 3. Sur l'état stationnaire de notre culture, voyez le rapport fait à la société d'agriculture de Nancy, par le président de cette société, à la suite de la visite des exploitations rurales pour la distribution des prix ministériels en 1856. A part les environs de Nancy, qui font exception, nulle trace de progrès dans le département, dit l'honorable rapporteur, avec le sentiment d'un découragement non dissimulé, n'a pu être signalée. *Dix années ont passé sur le département, sans qu'on puisse indiquer des changements très-notables.*

Les exploitations des fermiers sont celles qui laissent le plus à désirer. Le petit propriétaire qui cultive ses terres produit relativement plus que le fermier. Si vous voyez un beau champ de blé, n'hésitez pas à affirmer que c'est un champ de propriétaire et non un champ de fermier. Ce n'est pas que le premier soit un cultivateur plus éclairé que le second; qu'il ait beaucoup plus de bétail, que ses animaux soient plus choisis et mieux traités. Mais il a plus de temps et plus de ressources, toute proportion gardée; ses champs sont toujours tenus parfaitement, labourés à propos, assainis et nettoyés soit avant, soit après les semailles. Ces soins pour lesquels le temps et le personnel manquent au fermier, assurent au propriétaire un rendement supérieur à celui du fermier. C'est bien visible dans les villages où il y a peu de biens affermés et beaucoup de biens gérés par les propriétaires eux-mêmes. D'une autre part, les petites fermes d'une demi charrue et au dessous se louent généralement à proportion plus cher que les fermes de deux charrues et au-dessus et doivent conséquemment donner un rendement égal à celui des fermes de cette dernière catégorie. Dès lors si les fermes de deux charrues et au-dessus, c'est-à-dire les propriétés que la division n'a pas atteintes ne donnent pas plus de revenus que les petites propriétés, y a-t-il lieu de soutenir que la division de la propriété ait été nuisible à l'agriculture? Ce qui lui a été, ce qui lui est nuisible, c'est le fractionnement du sol qui affecte également toutes les exploitations petites, moyennes et grandes, et impose une gêne aussi lourde pour les unes que pour les autres; c'est l'usage prédominant de placer le but de la culture dans la production exclusive des céréales.

Note 4. Le pain est en France la base de la nourriture; on en mange plus qu'en aucun autre État de l'Europe. La consommation moyenne par tête, en France, est plus du double de ce qu'elle est en Angleterre et en Allemagne. De là sans doute la prépondérance qu'a prise parmi nous la production du froment; fait économique d'une portée qui n'a pas été assez remarquée. Le blé, étant de toutes les denrées celle qui répond au besoin le plus général de la consommation, il est naturel qu'il soit l'objet principal de l'activité agricole. Mais la prédominance anormale de la culture exclusive du froment, demandant toujours à la terre plus qu'il ne lui est restitué par les engrais, se solde en définitive par l'épuisement des principes fertilisants, par un déficit qui ne peut que s'aggraver. Si, aux habitudes actuelles, contraires aux principes les plus élémentaires, l'instruction vient à substituer l'indipensable balance à établir entre les récoltes épuisantes et les récoltes améliorantes ou réparatrices, elle aura rendu à l'agriculture le plus éminent service; elle l'aura régénérée. Le cultivateur élevant plus de bétail, le consommateur mangera un peu moins de pain et un peu plus de viande et l'un et l'autre, assurément, s'en trouveront bien.

Note 5. Non-seulement il se fait peu de fumier; mais

le peu qu'on en fait n'est l'objet d'aucun soin. La partie la plus riche des défections animales, le purin est généralement perdu. — Le plâtre et les cendres lessivées sont les seuls amendements employés. La chaux, la marne, le sable n'ont jamais été essayés.

Note 6. Et souvent les labours donnés avec huit chevaux n'ont pas plus de 12 centimètres de profondeur.

Le tassement qu'opèrent deux récoltes consécutives de céréales, fournit un argument contre l'assolement triennal. C'est ce tassement, plus sensible dans les sols compactes et d'ailleurs fumés médiocrement, qui rend la résistance si forte et impose à nos cultivateurs des attelages de huit chevaux pour les premiers labours, plus difficiles dans nos sols, après deux récoltes de céréales, qu'un défrichement ou un défoncement dans d'autres terrains.

Note 7. Il paraît constant que la journée de travail d'un bœuf n'équivaut qu'à la moitié ou aux deux tiers de la journée d'un cheval. Malgré cette différence les agriculteurs, qui l'ont constatée, recommandent l'emploi des attelages de bœufs. Quel que soit le rapport réel de l'effet utile du travail des uns et des autres, la lenteur des bœufs explique bien comment, dans les conditions difficiles de notre culture, les chevaux obtiennent la préférence; elle explique aussi la répugnance de nos populations, qui ont pour caractère distinctif l'activité et l'ardeur à la besogne, à s'aider d'un compagnon si placide. Il y a entr'elles et le calme ruminant une sorte d'incompatibilité d'humeur.

Note 8. Dans le petit état de Nassau, en 1845, il y avait plus de 80 communes réunies, comprenant une superficie de 25,000 hectares. Le minimum, au-dessous duquel la division n'a plus lieu, est fixé, en Nassau, par arrêté du 12 septembre 1829 :

A 12 ares pour les terres.

A 6 ares pour les prés.

Dans la Hesse, le minimum a été fixé, par arrêté du 18 octobre 1834 :

A 33 ares pour les terres arables de qualité inférieure.
A 17 ares ————————————— supérieure.
A 8 ares pour les prés.
A 4 ares pour les vignes et vergers.
A 2 ares pour les jardins.

Note 9. François de Neufchâteau, qui fut ministre de l'intérieur, dans un juste pressentiment des suites qu'aurait le morcellement, disait « que sur nos territoires divisés » et enchevêtrés, l'agriculture ne peut pas plus se déve- » lopper et grandir qu'un enfant qu'on garotterait au ber- » ceau avec des liens de fer ».

On peut voir l'opinion de M. Marquis, préfet de la Meurthe, statistique de la Meurthe année 1804, et surtout le recueil de M. Verneilh, chargé par le Gouvernement impérial de rassembler les observations des commissions consultatives et les documents qui se rattachent à la préparation du code rural, où sont consignés les vœux les plus énergiques en faveur des réunions territoriales.

Note 10. Quand arriverons-nous à ce qui se voit en Saxe, à Plauen, où non-seulement les parcelles agglomérées aboutissent toutes d'un côté à un chemin, mais où tous les champs sont bornés par une ligne gazonnée *qu'on ne laboure jamais, limite qui est respectée sans qu'il y ait d'exemple qu'on y ait touché.*

Lunéville, Imp. de Pignatel.

www.ingramcontent.com/pod-product-compliance
Ingram Content Group UK Ltd.
Pitfield, Milton Keynes, MK11 3LW, UK
UKHW021946260726
13994UKWH00004B/1561